LA GÉOLOGIE

LA GÉOLOGIE

SON OBJET

SON DÉVELOPPEMENT — SA MÉTHODE

SES APPLICATIONS

PAR

MAURICE DE TRIBOLET

DOCTEUR ÈS SCIENCES

PROFESSEUR A LA FACULTÉ DES SCIENCES DE NEUCHATEL (SUISSE)

CONFÉRENCE ACADÉMIQUE

NEUCHATEL

IMPRIMERIE DE JAMES ATTINGER

1883

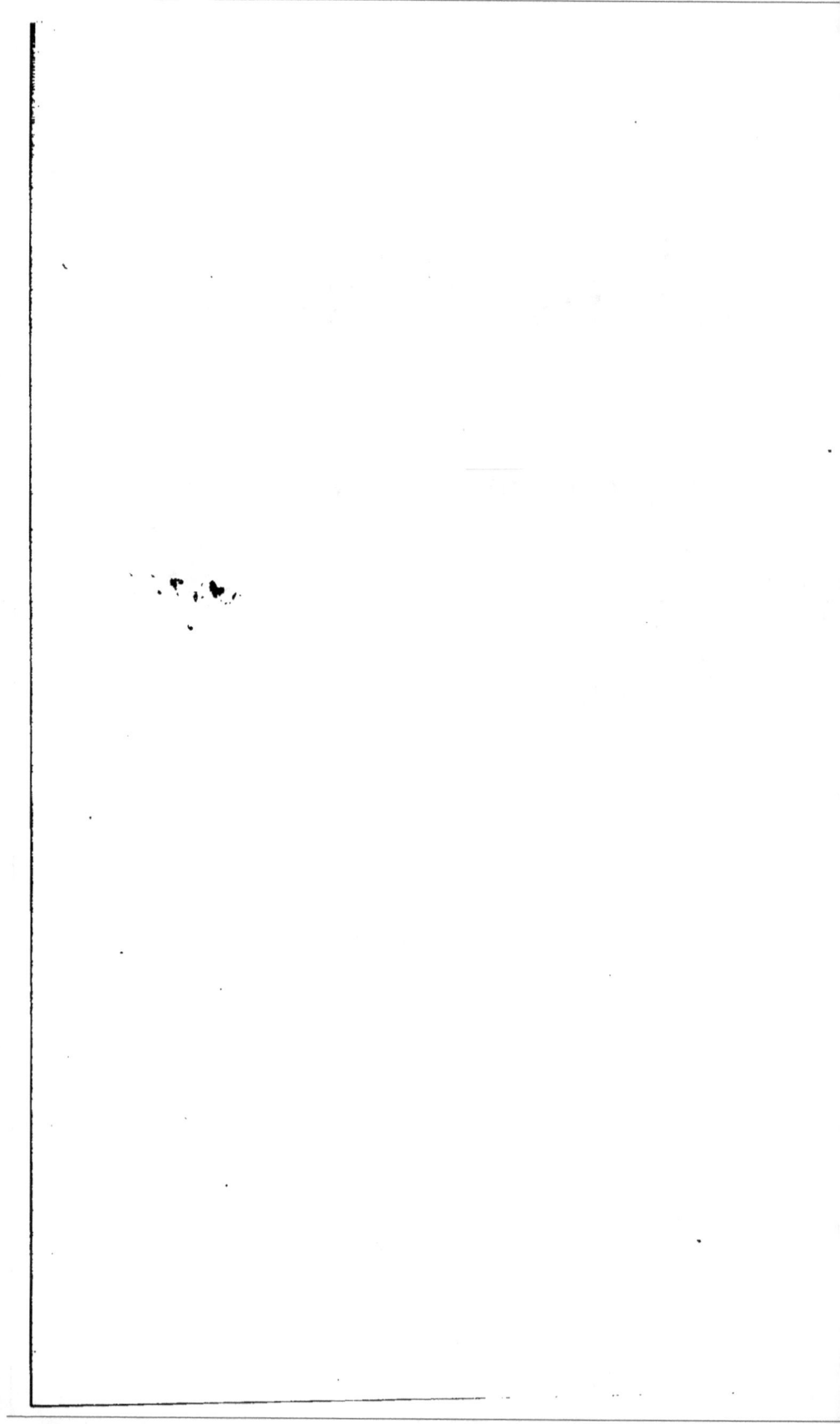

LA GÉOLOGIE

Gœthe a dit quelque part : « on n'apprend bien que de ceux que l'on aime ». Cela est vrai surtout dans l'étude de la nature ; ceux qui ne savent pas l'aimer n'en reçoivent aucun enseignement.

Mystérieuse ou coquette, la nature, en effet, cache ses merveilles à l'indifférent qui la néglige ; à peine laisse-t-elle soupçonner ses richesses au passant désœuvré dont elle attire un instant les regards. Elle veut être aimée et servie. Aussi consent-elle à dévoiler seulement un à un ses secrets, à ceux qui, dans un long servage, ont appris à subir le charme et à comprendre le sens de sa beauté, tour à tour sévère ou gracieuse, toujours inépuisable dans sa féconde variété.

Parmi les sciences de la nature, la géologie peut être nommée à bon droit la science maîtresse, car c'est elle qui ouvre véritablement l'histoire et la connaissance de toutes choses, en indiquant à l'homme son origine et celle de la terre qu'il habite.

Elle a, en effet, pour objet immédiat, l'étude de la structure du globe terrestre. C'est à elle qu'il appartient de définir la composition, l'allure et les relations mutuelles des diverses masses minérales qui constituent la partie accessible à nos investigations, et où sont renfermées tant de substances nécessaires à la satisfaction de nos besoins.

Mais la tâche du géologue ne se borne pas à l'étude de notre planète, telle que nous la voyons aujourd'hui. A peine a-t-il commencé à en réunir les éléments, qu'il est conduit à reconnaître dans l'état présent du globe, le dernier terme d'une suite de transformations dont la série s'est déroulée à travers les âges, et dont chacune d'elles a laissé des traces ineffaçables à sa surface ou dans ses profondeurs.

Laissant de côté la méthode purement descriptive, qui laisse trop facilement à l'esprit l'impression d'une planète morte, invariable dans ses contours, ne pouvant plus subir aucune action, la géologie l'envisage comme un être vivant et la suit dans son développement continu, depuis l'instant de son individualisation jusqu'au point où nous la voyons aujourd'hui, cherchant à découvrir quelles forces naturelles en ont été les agents.

De la sorte, il faut à tout instant faire intervenir la considération du passé, en s'efforçant de reconstituer jusque dans les détails, les phases successives que la terre a dû traverser. C'est ainsi que, par la force des choses, la géologie est amenée à écrire l'histoire du globe, l'histoire de son origine et de son passé.

Dans le domaine de l'histoire civile, ceux qui ne se bornent pas à connaître les événements de leur temps, savent combien de siècles a exigé la formation de la plupart de nos nationalités : notre Suisse, par exemple, n'a conquis son unité que graduellement. Il n'en est pas autrement dans l'histoire de notre globe. Les calculs des astronomes, les expériences des physiciens, en mettant en évidence sa vraie forme et sa chaleur intérieure, ont démontré qu'il s'est trouvé primitivement dans un état de fluidité ignée et qu'il n'a acquis son état actuel qu'après des phases longues et successives de formation.

La géologie ne débute, à proprement parler, qu'à l'une des plus modernes de ces phases, celle où notre planète a commencé à se refroidir et à se revêtir d'une écorce solide.

L'histoire de la terre nous présente donc deux phases bien distinctes : la première, pendant laquelle les actions physiques et chimiques se produisent seules, constitue la *phase géogénique* ; c'est la phase obscure pour nous, celle où les hypothèses jouent le plus grand rôle ; c'est la phase mythologique, où la vérité ne nous apparaît qu'à travers un voile plus ou moins épais.

L'autre phase est celle où la terre commence à avoir ses dates précises, où la succession chronologique des faits est représentée par des monuments accessibles à l'observation, à l'appréciation de nos moyens conventionnels de calculer les temps écoulés ; c'est la *phase géologique* ou de l'histoire proprement dite.

Mais pour remplir sa mission, le géologue a besoin de documents. Ceux-ci se recueillent dans le champ de l'observation attentive des faits : le sol, les masses qui le composent, l'ordre dans lequel ces masses sont disposées, les débris organiques qui s'y trouvent, tels sont ses monuments, ses médailles. Les minéraux et les roches sont les documents qu'il emprunte au monde inorganique pour écrire l'histoire du globe ; les fossiles végétaux et animaux, ceux que lui fournit dans ce même but le monde organique. La nature entière est fouillée par lui comme les vieilles chartes le sont par l'historien.

La *minéralogie* est une des bases les plus importantes de la géologie et un de ses auxiliaires les plus puissants. Les corps qui ont fourni les matériaux de la croûte solide de la terre, sont, en effet, les minéraux, et c'est la minéralogie qui nous en enseigne la nature et les propriétés.

Quant aux roches, c'est une science nouvellement créée, la *pétrographie* ou *lithologie,* qui en fait le sujet de son étude.

La *paléontologie*, qui, en élargissant le cadre de la zoologie et de la botanique, traite de la faune et de la flore des mondes anciens, doit être considérée aussi comme un des principaux fondements de la science qui nous occupe. Elle permet de partager en complexes homogènes, ces dépôts de roches dont l'épaisseur s'évalue en milliers de mètres ; elle nous enseigne l'âge relatif de ces formations isolées et nous fournit les moyens de comparer, quant à leur âge, les divers dépôts entre eux, même lorsqu'ils sont éloignés les uns des autres. Elle donne des indications sur la géographie physique des périodes anciennes et permet de trancher les questions si agitées de notre temps, sur l'histoire du développement des êtres organisés.

Les rapports de l'astronomie avec la géologie sont intimes. C'est l'astronomie qui nous apprend la situation de notre planète dans le système du monde ; c'est elle qui calcule les dimensions et la forme générale de notre globe et nous renseigne sur son état primitif.

Enfin, on ne peut guère établir de limite entre la géologie et la géographie. La nature de la surface de la terre est l'expression de sa structure géologique et la résultante de tous les événements géologiques antérieurs.

C'est à l'aide de tous ces documents, empruntés ou créés de toutes pièces, que le géologue remplit son mandat. Sortant alors du champ de l'observation comme l'historien de sa bibliothèque ou de son cabinet de médailles, il coordonne ses matériaux et les met en œuvre. Que, s'il s'attarde encore aux descriptions locales, à l'étude des régions restreintes, c'est dans le but de poser des pierres d'attente pour le grand édifice qu'il doit élever.

L'histoire des nations particulières n'est, après tout, qu'un chapitre de l'histoire de l'humanité ; il n'en est pas autrement des recherches locales par rapport à la connaissance du globe dans son ensemble.

La mission du géologue est donc une mission toute historique. La nature de ses archives seule relève du domaine des sciences naturelles. Il est appelé à écrire le livre qui reçut de Buffon, il y a un siècle, son titre : « Epoques de la nature ».

Ce qui fait l'objet spécial de la géologie, ce qui lui assigne sa véritable place parmi les connaissances humaines, c'est son but de construire l'histoire de notre planète depuis son origine première jusqu'à nos jours. Bien comprise et soigneusement distinguée de tout ce qui ne lui appartient pas, elle se détache entièrement du groupe des sciences purement descriptives, pour entrer de plein droit dans celui des sciences historiques ; ces dernières constituent sa vraie famille ; c'est parmi elles qu'elle doit prendre rang ; comme l'aïeule au foyer domestique, elle complète leurs traditions, en les renouant aux temps qui ne sont plus.

On voit par ce rapide exposé, combien l'œuvre de la géologie est complexe et quelle variété de connaissances ou d'aptitudes il faut pouvoir mettre à son service. La science du globe est, en effet, parvenue aujourd'hui à un degré de complication qui ne permet pas, même à l'intelligence la mieux douée, d'embrasser d'un coup d'œil également assuré toutes les branches naturelles dans lesquelles elle se partage. Aussi le principe de la division du travail peut-il être appliqué dans son sein avec tous ses avantages.

La géologie est comme un tronc immense, dont les branches se ramifient presque à l'infini, et l'étude approfondie d'un de ses nombreux rameaux peut suffire à l'ambition de quiconque veut y consacrer son temps. Il en résulte que chacun de ceux qui s'en occupent, s'attache de préférence à un chapitre déterminé, et qu'ainsi cette branche de l'histoire de la nature se développe par le concours d'une foule d'activités diverses, qui, pour n'avoir pas toutes des titres égaux à la reconnaissance des amis de la science, n'en contribuent pas moins d'une façon très utile à ses progrès.

Bien à tort on accuse les personnes qui s'occupent de géologie, de manquer de précision dans leurs affirmations et d'admettre volontiers l'hypothèse. Moins absolue, il est vrai, que la certitude mathématique, la certitude géologique égale celle des autres sciences naturelles. L'état primitif d'incandescence du globe, l'âge relatif de la plupart des couches de son écorce solide et une foule d'autres points, sont établis d'une manière aussi rigoureuse que les lois de la pesanteur ou que celles qui régissent les autres phénomènes physiques. En géologie comme partout ailleurs, il y a des faits possibles, des faits probables, des faits certains. La difficulté consiste seulement à ne pas donner les uns pour les autres.

Mais il est un devoir commun qui s'impose : c'est celui de la prudence dans les affirmations. Qu'il s'agisse d'une superposition douteuse ou d'une explication théorique, l'expérience est là pour dire à quelles surprises on peut être exposé. Nulle science n'offre une complication comparable à celle de la géologie. La variété des opérations naturelles est infinie, et souvent les causes les plus dissemblables donnent naissance à des produits dont un premier examen ne laisse pas soupçonner la différence ; de même, l'état actuel de morcellement de l'écorce terrestre admet les juxtapositions les plus inattendues. Une sage réserve à l'égard de tout ce qui n'est pas directement observable, s'impose donc à ceux qui ont quelque souci de l'autorité de la science, et l'esprit d'exclusivisme, toujours dangereux, serait ici moins à sa place que partout ailleurs.

Si, maintenant, nous cherchons à résumer dans une formule précise ce qui vient d'être dit sur le but de la géologie, nous y parviendrons en faisant intervenir cette grande idée d'ordre, qui domine la science lorsqu'elle veut rester digne de sa haute mission, et dans laquelle tout esprit non prévenu se plaît à reconnaître l'évidente manifestation de l'intelligence suprême qui a présidé à la disposition de toutes choses.

La mission à la fois descriptive, historique et théorique de la géologie, peut être convenablement exprimée, si nous disons que cette science a pour objet *l'étude de l'ordre suivant lequel les matériaux du globe terrestre ont été disposés dans le temps et dans l'espace.* Une telle définition offre l'avantage d'embrasser dans une même formule les divers aspects sous lesquels la géologie peut être considérée. Veut-on, d'un côté, ne voir dans cette science qu'un guide rationnel pour la recherche des substances minérales, on accordera que le seul moyen de diriger cette recherche avec fruit, est de connaître l'ordre qui a présidé à la répartition des matières utiles. Si, d'un autre côté, c'est l'histoire de la succession des événements terrestres qu'on a surtout en vue, la formule s'y applique avec une égale rigueur.

De toute manière, en donnant la place d'honneur à l'idée d'ordre, la formule que nous proposons affirme le caractère élevé et philosophique de la géologie, en laissant pressentir que c'est à elle qu'il appartient de mettre en pleine lumière l'unité et la simplicité admirables du plan de la Création.

Quel témoignage plus éclatant en faveur de cet ordre et de la souveraine sagesse, que le spectacle de ces couches du globe formant comme les gigantesques assises d'un imposant édifice, taillées, agencées, cimentées par une main que l'homme est bien forcé de déclarer plus puissante que la sienne; et ces assises, composées de matériaux les plus divers, partout régulières et partout symétriques ; et ces matériaux eux-mêmes, ayant chacun dans le vaste édifice une place si bien marquée, que le moindre caillou, poussé par nous d'un pied indifférent, pourrait, si nous savions l'interroger, nous raconter toute une longue histoire !

La géologie, par la date de sa constitution définitive, est peut-être la plus jeune des sciences, ce qui ne surprendra personne, si l'on réfléchit qu'ayant besoin pour sa synthèse du secours d'autres branches de nos connaissances, elle ne pouvait commencer à prendre son essor avant que ces dernières fussent en possession de leurs principaux résultats. Or, la minéralogie date seulement de la fin du XVIIIme siècle ; la chimie s'est constituée à la même époque, et c'est à peine si la connaissance méthodique du monde organique peut se prévaloir d'une origine plus ancienne.

Mais si, à l'état de doctrines reconnu, la science du globe ne compte que peu d'années d'existence, ses premiers bégaiements, si l'on peut s'exprimer ainsi, remontent aussi loin que l'histoire peut nous conduire.

En effet, nous voyons dès les temps les plus reculés, les peuples rechercher et soupçonner, quoique d'une manière bien vague, les causes de l'origine et de la formation du globe, et au fond de tous les plus anciens systèmes religieux, nous retrouvons des hypothèses, des idées cosmogoniques, fruits incohérents d'une imagination crédule, qui annoncent néanmoins des rudiments de connaissances géologiques.

Moins on connaissait de faits positifs, moins l'essor de l'imagination était gêné; aussi la géologie dans son entier devient-elle une sorte de roman plus ou moins conforme au texte des Livres saints, et ne consiste-t-elle qu'en une série de systèmes d'une incroyable bizarrerie.

On ne pourrait citer tous les systèmes éclos de ces rêves sans frein. Leurs contradictions sans nombre et la chaleur que leurs auteurs ont mise à les soutenir, les ont ridiculisés peu à peu et ont discrédité la géologie elle-même pendant fort longtemps. C'était vraiment justice, car toutes ces hypothèses, tous ces systèmes, qui souvent séduisent l'esprit, n'ont rien à faire avec la vraie science. Celle-ci ne veut admettre que les inductions résultant des faits observés, que ce qui est démontré et non pas seulement plausible.

N'oublions jamais que l'imagination, ainsi que le disait Bacon, est la folle du logis, et que l'observation et l'expérience doivent, comme deux poids attachés à

nos pieds, nous retenir vers la terre pour nous empê-
cher de nous envoler vers le ciel.

Les Anciens considéraient la terre, avec sa masse intérieure, sa surface et son atmosphère, comme constituant l'univers entier, et ne voyaient en elle qu'un
ensemble dont les parties ne pouvaient être étudiées
séparément. Pénétrés d'un esprit accusant une grande
pauvreté scientifique, ils pensaient que la connaissance
du tout devait les conduire à celle de chacune de ses
parties; aussi la géologie se trouvait-elle ainsi totale-
ment absorbée par la cosmogonie et confondue avec
elle.

Les temps n'étaient pas encore mûrs pour une
saine interprétation des choses, et si ingénieuses que
pussent être les conceptions de certains philosophes,
toutes se ressentaient du caractère essentiellement local des observations sur lesquelles elles avaient été
fondées. Ce penchant à vouloir façonner tout le globe
à l'image du coin de terre qu'on habite, se retrouvera
d'ailleurs longtemps encore dans l'histoire de la géologie, et ce n'est qu'à partir de la fin du XVIIIme siècle
que le progrès des voyages imposera aux observateurs
une plus grande largeur de vues.

C'est ainsi que, dès le début, sous l'influence du
spectacle des phénomènes qui se produisent dans le
milieu environnant, on voit naître les deux écoles entre lesquelles se partageront désormais les théoriciens :
d'une part les *neptunistes* et au premier rang Thalès
de Milet, Xénophane de Colophon, qui considèrent
l'eau comme le principe créateur par excellence, parce
qu'ils ont puisé leurs inspirations en Egypte, où tout
gravite autour du grandiose et bienfaisant phénomène
des inondations du Nil; d'autre part, les *plutonistes*,
qui avec Zénon, Empédocle, Héraclite, impréssionnés

surtout par les éruptions volcaniques de l'Archipel grec, attribuent au feu le rôle principal dans la formation du globe.

Comme d'ailleurs, entre deux affirmations contraires, les esprits modérés tendent naturellement à chercher un moyen terme, l'école éclectique apparaît déjà avec Pythagore et Aristote, qui supposent que par le jeu des phénomènes volcaniques, la terre ferme et la mer ont tour à tour changé de domaine.

Mais, laissons de côté ces essais de construction de théories géogéniques et de suppositions diverses, plus intéressants pour l'histoire de l'esprit humain que pour celle de la géologie, et cessant d'attendre quelque lumière d'écoles philosophiques auxquelles les vraies méthodes scientifiques sont si complètement étrangères, interrogeons les écrits de ceux qui, sans prétendre au titre de savants, ont puisé leur expérience dans un commerce en quelque sorte quotidien avec les profondeurs du globe terrestre.

·Pour rencontrer quelques aperçus dignes de remarques, il faut arriver jusqu'au XVIme siècle. C'est l'époque où Léonard de Vinci, instruit par les fouilles que sa carrière d'ingénieur lui fournissait l'occasion d'exécuter, reconnaît la vraie nature des fossiles et soupçonne le mode de formation des dépôts qui les renferment. C'est aussi celle où Bernard Palissy, conduit par son industrie à exploiter des gisements d'argile, énonce quelques années plus tard les mêmes principes avec non moins d'énergie et s'offre à prouver, lui simple potier, contre tous les docteurs de la Sorbonne, que les fossiles sont les débris d'organismes ayant vécu au lieu même où on les observe.

Les idées des Anciens n'ont exercé aucune influence sur l'opinion des hommes du XVIme siècle, que l'on peut considérer comme les premiers pionniers de la science du globe. Loin d'imiter les naturalistes, leurs devanciers, qui concentrèrent leur attention sur les œuvres d'Aristote et de Pline, ils dirigèrent leurs recherches autour d'eux. Les preuves des faits qu'ils avancèrent, ils les demandèrent à la nature elle-même. « Je n'ai point eu d'autre livre, s'écrie Palissy, que le ciel et la terre, lequel est connu de tous et qu'il est donné à tous de connaître. »

Les opinions de ces deux personnages ne prévalurent pas cependant. C'était au déluge que l'on attribuait alors tous ces débris. Pendant longtemps, on s'ingénia à expliquer comment les coquilles fossiles avaient pu être ensevelies à de si grandes profondeurs par ce cataclysme. Cette manière de voir a beaucoup entravé les progrès de la science, car le déluge étant un phénomène unique, on était disposé à ignorer les différences d'aspect, de gisement, d'association dans les diverses localités, et à repousser tout ce qui pouvait faire supposer des causes multiples.

La conviction que les fossiles sont les dépouilles et les empreintes d'êtres organisés, ne pénétra qu'avec lenteur dans les esprits. Une idée aussi simple en elle-même mit plus d'un siècle à se développer; toute une période de l'histoire de la géologie est presque exclusivement employée à la répandre. Mais à mesure que cette conviction devient plus générale, elle amène insensiblement la connaissance du mode de formation des terrains sédimentaires.

Il devait s'écouler encore près d'un siècle avant que des vues saines, mais éparses, suggérées aux ingénieux esprits que je viens de mentionner, par l'examen des profondeurs terrestres, sortît un véritable corps de doctrine. L'honneur de cette transformation était ré-

servée au danois Nicolas Sténon, qui ne fit que développer les idées de L. de Vinci et de B. Palissy sur la
nature des terrains de sédiments et des fossiles qu'ils
contiennent.

Déjà avant lui, Descartes, par une intuition qui
n'appartient qu'au génie, avait émis sur l'incandescence initiale de notre globe, sur sa chaleur intérieure
et sur les dislocations de l'écorce terrestre qui semblent en provenir, des idées-mères dont la justesse res-
sort chaque jour avec plus d'évidence et d'éclat. Il af-
firma déjà alors la notion fondamentale de la belle
théorie cosmogonique, par laquelle Laplace couronna
plus tard le magnifique édifice dont Copernic, Képler
et Newton avaient élevé les assises, et proclama par là
l'unité de composition de l'univers physique.

Et pourtant, l'œuvre de Sténon devait demeurer
longtemps stérile. Pendant plus d'un siècle encore, les
naturalistes, oublieux des saines méthodes qu'il avait
inaugurées, perdent leur temps à édifier des théories
géogéniques où l'imagination prend une part prépon-
dérante, sinon exclusive. A peine, si, dans le nombre,
il convient de distinguer les vues particulières de certains savants, entre autres d'un Buffon, et qui sont plus
remarquables par l'éclat du style que par la puissance
des déductions.

Aussi, durant cette période, la géologie ne fit-elle
aucun progrès sérieux, jusqu'au jour où Werner, réunissant tous les faits observés dans les mines de Saxe
et demeurés avant lui sans connexion logique, fit sortir de l'art des mines une véritable science et fonda
« l'école dite de Freiberg ».

Doué d'un merveilleux talent d'observation et d'analyse, Werner est le père de la nomenclature géologique. Son influence, accrue par le charme de sa parole,

2

a suscité de remarquables travaux, et l'empreinte de son enseignement est restée profondément gravée dans une science demeurée fidèle à la plupart des dénominations créées par lui ; mais il n'est presque rien subsisté de l'édifice théorique qu'il avait élevé.

C'est qu'en géologie, il ne suffit pas de bien observer une région circonscrite. Il faut encore la comparer aux régions voisines et se garder par dessus tout de cet esprit de particularisme qui porte à étendre au globe entier, des conclusions tout au plus applicables au coin de terre qu'on a le mieux étudié.

Du reste, il serait injuste de faire à Werner et à ses disciples un grief excessif du caractère exclusivement local de leurs observations. Avant la fin du XVIIIme siècle, la difficulté des communications était trop grande pour qu'un voyage géologique de long cours fût chose réalisable. Ne suffit-il pas de rappeler qu'en 1741, lorsque Pocock et Windham vinrent planter leur tente au bord de la Mer de glace, ils crurent devoir prendre contre les habitants de Chamounix les mêmes précautions que s'ils avaient eu affaire à une tribu de sauvages, et parlent de leur visite aux glaciers du Mont-Blanc, à peu près comme le capitaine Cook raconte la sienne dans les îles de la Mer du sud.

Avec Werner commence la géologie moderne. Jusque-là, cette science n'avait été qu'une science de spéculation entre les mains des philosophes ; avec lui, elle devient une science d'analyse entre les mains d'un observateur. Mais il fallait encore la rendre claire, intelligible. Ce que Linné avait fait avant lui pour la botanique et la zoologie, Werner l'essaya pour la géologie. Il créa une nomenclature, un langage géologique qui n'existait pas avant lui.

Pour Werner, le point de départ de toutes les roches était dans l'eau. La mer avait déposé non seulement les roches stratifiées et fossilifères, mais aussi le granite et les autres masses cristallines qui leur servent de fondement. A une époque reculée, les diverses matières dont dérivent ces terrains se trouvaient soit dissoutes, soit en suspension dans l'océan. C'est dans cet océan chaotique que ceux-ci se sont séparés, les uns par voie chimique, les autres par voie mécanique. Ainsi, dans cette doctrine, toutes les roches ont été produites telles que nous les voyons aujourd'hui et par la seule action de la mer. L'activité interne du globe reste complètement méconnue : les régions profondes ont toujours été inertes ; la mer a tout produit

Mais l'écorce terrestre, convenablement interrogée, ne devait pas elle-même rester plus longtemps muette sur l'importance de cette activité interne dans l'histoire du globe.

Pendant que l'enseignement de Werner commençait à captiver l'attention générale et à exciter l'enthousiasme de ses élèves, grâce aux charmes de la parole du maître et à la puissance de méthode avec laquelle les faits alors connus s'y trouvaient coordonnés, une autre doctrine très différente prenait naissance en Ecosse.

Doué d'un esprit d'observation non moins perspicace que son antagoniste, Hutton arrivait à des conclusions opposées sur les phénomènes fondamentaux, et les deux écoles rivales s'établissaient simultanément.

C'est à ce moment que prit naissance entre les neptunistes, partisans exclusifs de l'eau, et les plutonistes, une longue discussion qui dégénéra parfois en une assez vive polémique et qui, chose digne de remarque, se prolongea pendant plus d'un demi-siècle. Hutton

repoussa une partie des hypothèses qui attribuaient à
l'eau l'origine de toutes les roches, et osa affirmer que
les continents avaient existé de tout temps. Sa gloire
est d'avoir le premier reconnu que la chaleur avait joué
un rôle important dans l'édification de l'écorce terrestre. Les ruines d'un ancien monde étaient visibles pour
lui dans la structure de notre planète, et nos continents actuels n'étaient, selon sa théorie, que les débris
de continents plus anciens, déposés au fond des mers,
consolidés par la chaleur volcanique et soulevés ensuite.

Une ère nouvelle s'ouvrit pour la géologie le jour
où les progrès de la sécurité publique, joints à l'amélioration des moyens de transport, permirent aux curieux de la nature d'entreprendre ces explorations fé-
condes, où s'illustrèrent parmi tant d'autres, les de
Saussure, les Pallas, les Dolomieu. Reconnaissant qu'en
géologie comme dans toute autre science d'observation, la vue de la nature peut seule donner une com-
préhension nette des phénomènes, ils étudièrent plus
attentivement des faits qui pouvaient la ramener dans
sa voie véritable et la réhabiliter aux yeux de tous.

Notre compatriote de Saussure surtout eut la gloire
d'épeler un des premiers, d'une façon nette et précise,
les pages confuses du livre de la nature, et de les tra-
duire dans un langage ému qui ne vieillira pas.

Mais ce n'était pas assez. Il ne suffisait pas d'avoir
considérablement agrandi le champ des observations
géologiques; il fallait encore leur procurer une conti-
nuité dont jusqu'alors elles avaient été dépourvues.

Quelque profondes que pussent être les excavations
des carrières et des mines, chacune d'elles, le plus
souvent, ne permettait d'explorer qu'un terrain stric-
tement limité. Les pays de montagnes, où le sol était
le moins masqué par la végétation, offraient, en raison

de leur complication particulière, des difficultés insurmontables pour une science à ses débuts.

Seuls, de grands travaux publics pouvaient donner satisfaction à un tel besoin. La vive impulsion dont ils furent l'objet dans le passage du XVIIIme au XIXme siècle, eut donc pour la géologie une importance capitale. Longtemps discréditée par les perpétuelles controverses des neptunistes et des plutonistes, cette jeune science va désormais imposer le respect et solliciter partout l'attention des naturalistes.

L'école saxonne a fini son temps. Pendant près d'un demi-siècle, selon la parole de Cuvier, on avait interrogé la nature au nom de Werner. En 1830, les choses ont si bien changé de face, qu'un auteur put écrire : « Freiberg, cet ancien centre de lumière, est devenu pour le moment une Chine géologique au milieu de l'Europe éclairée. »

L'Angleterre, où les circonstances du sol étaient tout particulièrement favorables à l'observation, avait alors la bonne fortune de posséder parmi les ingénieurs occupés à la construction de ses routes, un de ces hommes chez qui la netteté du coup d'œil et l'esprit de méthode produisent des résultats dignes du plus grand génie, et qui le premier est entré dans la voie qui depuis lors s'est montrée si féconde en résultats.

William Smith, en étudiant consciencieusement les couches qu'il avait rencontrées, trouva que chacune d'elles était caractérisée par des fossiles spéciaux. Comme Werner, il reconnut une loi de superposition constante dans la série des assises, et de plus il établit un axiome, alors très hardi, que les formations géologiques avaient des fossiles propres, au moyen desquels il était possible de les identifier sur des points très éloignés.

Dès ce jour, la science géologique était dotée de son plus puissant moyen d'information.

Jusque-là, les fossiles n'avaient joué aucun rôle ; c'étaient de simples objets de curiosité. Si l'on s'en était préoccupé, ce n'était qu'au point de vue de leur origine, comme *jeux de la nature*, produits par une force plastique mystérieuse, inhérente au globe terrestre, ou comme restes du déluge mosaïque.

Ces pétrifications, naguère si méconnues, étaient destinées à devenir l'instrument par excellence de la distinction des périodes et, grâce à ce secours, la géologie allait désormais marcher à pas de géants dans la voie des découvertes.

L'usage des fossiles est aussi fréquent pour le géologue que l'usage des monnaies de cuivre et de bronze dans la vie ordinaire, et vous comprenez quelle importance ont leur étude et leur connaissance pour celui qui veut faire de cette branche de l'histoire de la nature, l'objet de ses préoccupations. Depuis longtemps, on les a appelés les *médailles de la création*, comparant ainsi les débris organiques enfouis dans les couches terrestres, aux médailles et monnaies que le numismate recueille dans les ruines du passé, pour chercher à reconstruire par ce moyen l'histoire des peuples anciens.

« C'est aux fossiles, dit Cuvier, qu'est due la naissance de la théorie de la terre. Sans eux, l'on n'aurait peut-être jamais songé qu'il y ait eu dans la formation du globe, des époques successives et une série d'opérations différentes. Eux seuls donnent la preuve que le globe n'a pas toujours eu la même enveloppe, par la certitude où l'on est qu'ils ont dû vivre à la surface avant d'être ainsi ensevelis dans les profondeurs. S'il n'y avait que des terrains sans fossiles, personne ne pourrait soutenir qu'ils n'aient pas été formés tous ensemble. »

L'évolution paléontologique de la vie organique sur la terre, qu'on l'explique par voie de filiation directe (transformisme, darwinisme) ou par voie de créations successives, nous fournit la seule base possible de la subdivision des temps géologiques, tout comme l'évolution historique sert de base au groupement chronologique de l'histoire des peuples. Cette évolution paléontologique est de nos jours un des champs d'étude les plus vastes et les plus importants. Elle nous révèle des lois organiques dont l'ensemble est loin d'être complètement élucidé, mais que nous pouvons résumer dans leurs grands traits de la manière suivante : les faunes et les flores fossiles sont d'autant plus différentes des actuelles, qu'elles sont plus anciennes ; elles se sont modifiées graduellement jusqu'à leur état présent, par la disparition successive des types anciens et l'apparition fréquemment réitérée de types nouveaux. Ces types, apparus sur des points divers de la surface du globe et à toutes les époques, se sont répandus de proche en proche dans les milieux favorables, par migrations rayonnantes.

Avec l'étude sérieuse et raisonnée des fossiles, telle que Smith l'a entreprise, l'histoire du globe commence à se dégager des systèmes préconçus et l'induction tend à y prendre la place qui lui appartient. En même temps, le goût de la géologie se répand en dehors des savants de profession. C'est d'ailleurs le moment où toutes les sciences prennent définitivement leur essor.

Les environs de l'année 1830 marquent le point culminant de cette première phase d'activité. Alexandre de Humboldt, Léopold de Buch, Cuvier, Elie de Beaumont, voient leurs préjugés d'école s'évanouir au con-

tact direct de la nature. Nestors de la science, ils en
sont en même temps les guides les plus infatigables, et
leur admirable activité contribue puissamment à lui
conserver ce caractère positif, qu'elle doit à l'assimila-
tion incessante d'un nombre immense de faits, éclairés
par des vues aussi profondes qu'ingénieuses.

Humboldt prend possession du globe au nom de la
science, plus complètement qu'aucun autre ne l'avait
fait avant lui; de Buch pousse plus loin que tous
ses devanciers le talent d'interroger la nature et de lui
dérober ses secrets; Cuvier lie d'une manière indisso-
luble, par la publication de ses « Ossements fossiles »,
l'histoire de la nature inorganique à celle du développement de la nature vivante; Elie de Beaumont vient
étonner le monde savant par sa théorie sur l'âge relatif
des chaînes de montagnes.

Mais ce n'est pas que l'accord soit déjà définitif sur
les points fondamentaux de la géologie. Une nouvelle
lutte va s'engager : celle des partisans des *causes actuelles* contre *l'école* dite *des cataclysmes*.

Jusqu'ici les savants admettaient dans les périodes
géologiques, comme en histoire, des époques de révo-
lution et de calme, et se représentaient notre terre
comme ayant été, à intervalles plus ou moins réguliers,
le siège de bouleversements dans lesquels les montagnes se trouvaient violemment soulevées par des phénomènes dynamiques pour ainsi dire instantanés, et
dont le résultat inévitable était l'extinction totale de la
vie organique, laquelle réapparaissait plus tard sous la
forme de créations nouvelles.

Quelques géologues cependant ont pensé que les causes qui agissent encore aujourd'hui, quoique très len-
tement sous nos yeux, suffisent pour expliquer les
changements dont notre planète a été successivement

le théâtre. Ils voulaient que tout se soit accompli dans ce monde avec paix et lenteur, suivant l'axiome que la nature ne procède pas par bonds : « natura non fecit saltus ». En tête de ces géologues se trouvaient Constant Prévost et Lyell. A leur suite s'engagent la plupart de ceux qui répugnent à admettre avec Cuvier, que le fil des opérations de la nature se soit rompu, et pour de longues années les géologues se trouvent partagés en deux camps hostiles, mais animés, pour la recherche des faits, d'une émulation féconde, jusqu'à ce que le progrès des observations amène entre les écoles rivales une conciliation que l'antagonisme de leurs débuts était loin de laisser entrevoir.

La géologie n'est, en effet, point révolutionnaire et au lieu de ces bouleversements brusques et réitérés, elle admet une évolution lente et graduelle, qui, rendant la surface du globe de plus en plus inégale, a diminué l'étendue des mers, formé nos continents et nos chaînes de montagnes, modifié nos climats et influé, par conséquent, sur la distribution géographique des êtres. Tous ces changements physiques peuvent, avec une très grande probabilité, être attribués à une cause unique, la contraction du globe terrestre par refroidissement successif. L'écorce déjà rigide, n'étant plus susceptible d'une semblable contraction, a dû se plisser et se fissurer dans ses parties les plus flexibles, pour suivre ce mouvement de retrait de la masse interne. Les chaînes de montagnes n'ont pas d'autre origine, à nos yeux, qu'un ridement graduel de l'écorce terrestre. Hypothèse, dira-t-on ? Oui, mais hypothèse grandiose, qui rend compte d'une grande partie des phénomènes géologiques et qui deviendra bientôt un axiome.

Ici se termine ce qu'on peut appeler l'âge héroïque

de la géologie. Cette science est désormais fondée. Elle n'a plus qu'à s'étendre en se consolidant, et de même qu'elle a dû ses premiers progrès aux consciencieuses observations de ceux que leur travail de chaque jour mettait en contact direct avec les profondeurs du globe, de même elle attendra la plupart de ses conquêtes du développement de plus en plus accentué des travaux publics.

C'est ainsi que, peu d'années après 1830, l'activité déployée dans toute l'Europe occidentale pour la construction des routes, devient, par les coupes naturelles qui en sont la conséquence, l'occasion de nouvelles et précieuses constatations. Mais cette source sera bien autrement féconde quand apparaîtront les chemins de fer, qui, sur une foule de points, mettront à découvert des sections décisives par leur ampleur, en même temps que des gîtes fossilifères d'une richesse inespérée.

Cette phase nouvelle est celle où nous sommes, ère de coordination, de popularisation et de progrès rationnel. Elle est caractérisée par une telle activité scientifique, qu'il y aurait trop à faire à vouloir énumérer seulement tous les travaux qui contribuent à son éclat.

Partout l'œuvre des cartes géologiques est conduite sur une vaste échelle. Les commissions d'exploration sont à l'œuvre jusque dans les contrées les plus reculées du globe, et il est des pays où le travail du géologue, marchant de pair avec celui du topographe et du pionnier, marque la première prise de possession, par le monde civilisé, de régions où jusqu'alors quelques hardis sauvages avaient seuls porté leurs pas.

Tandis qu'en 1830 une très petite partie de notre vieille Europe avait été l'objet de recherches encore bien sommaires, aujourd'hui le globe presque tout entier est connu dans ses traits principaux. Des voies d'investigation encore inexplorées ont été ouvertes, de nouveaux moyens de contrôle ont été offerts à l'étude; plusieurs chaines de montagnes ont été percées et ont révélé leur structure intérieure. Il n'est pas jusqu'aux grandes profondeurs des mers qui n'aient été fouillées par la sonde, aussi bien dans l'Atlantique que dans le Pacifique.

Mais quoique le marteau du géologue ait été porté sur une multitude de points des cinq continents, il suffit de jeter un coup d'œil sur une carte géologique du globe, pour se convaincre que cette science n'est encore que jalonnée; il reste, en effet, d'immenses surfaces inexplorées vers lesquelles les recherches futures doivent être dirigées. D'un autre côté, l'exemple des régions les mieux connues, de celles qui entourent les grands centres d'observation, d'étude, de civilisation ou d'industrie, là où chaque jour se révèlent de nouveaux faits, se rectifient d'anciennes erreurs, ces exemples, dis-je, prouvent que la géologie, malgré l'extrême rapidité de sa marche, la multiplicité des découvertes dans toutes les directions, n'est encore qu'au commencement de l'ère scientifique de son progrès normal. On ne peut pas dire que, dans aucune de ses parties, la limite ait été atteinte, et d'après ce que nous avons vu pendant les dernières cinquante années, il est difficile de prévoir ce qu'elles seront devenues après une égale période de temps.

En résumé, il ne serait plus juste aujourd'hui d'écrire comme on a pu le faire, il n'y a pas longtemps encore, que la géologie est une science en construction, dont on ne pourrait même indiquer le plan complet que d'une manière conjecturale. Si quelques détails de l'édifice demeurent incertains, les grandes lignes en sont nettement dessinées.

Aujourd'hui, on peut bien le dire, les recherches patientes et suivies auxquelles de toutes parts les adeptes de la géologie se sont livrés avec une ardeur que rien ne dépasse, l'ont portée rapidement à une hauteur telle, que depuis longtemps déjà elle est devenue, sans aucun doute, l'une des plus belles manifestations de l'intelligence humaine.

L'histoire de la géologie, de ses longs et pénibles progrès, prouve que rien n'est plus défavorable à l'essor d'une jeune science que le dogmatisme et l'esprit de système ; rien, au contraire, n'en hâte le développement comme les efforts consciencieux de ces savants modestes qui cherchent la vérité pour elle-même, sans parti pris et la demandent surtout à l'observation impartiale des faits.

Il n'a pas fallu moins de deux siècles et demi, depuis les premiers bégaiements de la philosophie grecque jusqu'à notre ère — nous ne parlons pas des tâtonnements des écoles orientales, — pour établir sur une base désormais certaine, positive, la science de la terre. Mais aussi quelle conquête était réservée aux efforts du génie humain ! Le passé si ténébreux de notre planète s'est enfin révélé à nous ; le voile qui nous cachait nos origines s'est déchiré, et l'homme a établi la véritable chronologie du globe.

L'histoire de la terre est liée à celle de l'univers. Nous ne pouvons tenter de remonter jusqu'à son commencement, sans élever notre pensée jusqu'à celui de l'univers lui-même, sans chercher à nous rendre compte des principes qui le régissent et auxquels elle est soumise comme tout ce qui se meut dans les espaces célestes. Si ses mouvements sont essentiellement du domaine de l'astronomie, son origine, sa composition, comme le tableau des phases par lesquelles elle a dû passer, rentrent dans celui de la géologie. Nous ne pouvons ainsi isoler son origine de celle des autres planètes qui se meuvent autour du soleil, pas plus que les formes et les accidents de sa surface actuelle ne peuvent être séparés des causes internes ou externes auxquelles ils sont dûs.

Pendant une longue série de siècles, l'imagination a engendré bien des systèmes sur la manière dont s'est formé notre globe et sur les circonstances dans lesquelles il est sorti du chaos. Mais on ne s'appuyait que sur quelques notions isolées et fort incomplètes ; aussi ces inventions méritent-elles à peine d'être citées, même pour mémoire.

La seule théorie vraiment rationnelle qui cadre avec les faits, s'accorde avec les découvertes récentes et reçoive chaque jour une confirmation presque équivalente à la certitude, est celle de Laplace.

Tout le monde connaît la remarquable hypothèse par laquelle le savant français a tenté d'expliquer la formation du système solaire. Dans cette conception, le soleil, les planètes avec leurs satellites, les comètes, seraient les produits successifs de la condensation d'une nébuleuse unique, primitivement animée d'un mouvement de rotation sur elle-même.

L'analyse spectrale est venue, il y a quelques années, donner à ces vues une confirmation d'une haute valeur, en nous apprenant que l'atmosphère lumineuse du soleil contient, à l'état de vapeurs, la plupart des corps simples qui composent l'écorce terrestre, et que ceux-ci sont aussi les principaux éléments des météorites qui circulent dans le voisinage de la terre, et en même temps des roches lourdes qui paraissent dominer dans les profondeurs du globe. De plus, si l'on considère que les planètes ont une densité d'autant plus grande qu'elles sont plus voisines de l'astre central, on reconnaîtra que cette disposition concorde à merveille avec l'hypothèse qui les fait dériver de parties de plus en plus profondes de la même nébuleuse.

Il ne paraît actuellement plus guère possible de révoquer en doute l'identité générale de composition des astres du système solaire, ni de se refuser à admettre que tous, ayant la même origine, ont dû parcourir dans leur développement des phases analogues depuis le moment de leur individualisation.

Si le soleil a seul conservé un état calorifique qui lui permet d'émettre une lumière propre, c'est que, réunissant en lui-même les $^{699}/_{700}$ de la masse totale contenue dans la nébuleuse primitive, il a été à la fois plus lent dans sa concentration et mieux préservé par ses dimensions, contre les causes de dissipation d'énergie.

Notre terre serait donc bien, comme l'a depuis longtemps soupçonné Descartes, un astre éteint. Sa forme sphéroïdale, son aplatissement polaire, la distribution des matières dans son intérieur conforme à l'ordre croissant des densités, attestent suffisamment la mobilité originelle des éléments du globe terrestre et leur aptitude à obéir aux sollicitations de la force centrifuge.

La phase stellaire du globe n'a pas dû être de longue durée, et le moment est vite arrivé, sans doute, où ce soleil en miniature, perdant sa chaleur par rayonnement dans l'immensité de l'espace, a vu la température s'abaisser à sa surface, au point de n'y plus permettre l'existence de matériaux en fusion. Par suite de ce fait et quels que soient les phénomènes qui se sont passés dans le voisinage du centre, l'extérieur demeuré liquide n'a pu manquer de se couvrir d'une croûte, peut-être discontinue au début, mais bientôt réunie en une seule enveloppe.

Cette écorce originelle, peu épaisse et mal soutenue, a dû tout d'abord chercher son assiette jusqu'à ce que les premiers linéaments de la géographie du globe eussent été définis. C'est alors que se sont dessinés à sa surface les zones faibles et les zones résistantes, ces dernières sous forme d'ilots constituant les premiers noyaux des continents, tandis que dans les dépressions s'accumulait l'élément liquide à peine partagé en océans distincts.

A dater de ce moment, l'activité du globe a subi un partage définitif.

Tandis que l'énergie intérieure, concentrée sous l'écorce, devait se manifester au dehors plutôt par saccades que d'une manière continue, en plissant et en fracturant la croûte terrestre, l'énergie extérieure était destinée à subir une évolution continue par elle-même. Mais assujettie à ressentir le contre-coup des variations plus ou moins brusques de l'activité interne, cette évolution allait elle aussi progresser d'une manière inégale, recevant de temps à autre une impulsion nouvelle des phénomènes produits sous l'empire des causes profondes.

On sait combien est faible la conductibilité des matières pierreuses, et comment une couche peu épaisse de scories solidifiées suffit pour rendre insensible le rayonnement de la lave demeurée liquide au-dessous. Il est donc bien permis de penser que l'épaisseur de la croûte terrestre a été bientôt assez grande pour que le flux calorifique qui la traversait n'exerçât sur la température de la surface qu'une action négligeable.

Dès lors, cette température n'a plus dépendu que de la source extérieure qui l'alimente encore aujourd'hui, c'est-à-dire du soleil, et comme toutes les actions physiques qui se passent à la surface du globe ont la chaleur pour principe efficace, on peut dire que le soleil a été, à partir de la formation de l'écorce, l'unique moteur de l'activité extérieure de notre planète.

C'est alors que la vapeur d'eau, primitivement répandue dans l'atmosphère, s'est condensée sur la croûte en formant la masse océanique, et tandis que dans cette mer encore chaude et chargée de principes actifs s'accomplissaient des phénomènes spéciaux, l'océan commençait à battre ses rivages encore incertains et à en remanier les éléments ; les agents atmosphériques inauguraient contre les parties émergées de l'écorce leur œuvre de destruction quotidienne ; enfin, la vie organique prenait peu à peu possession des terres et des mers.

On peut dire que tous les agents physiques dont l'influence destructrice a pour théâtre d'action la surface du globe, ont ce caractère commun, de s'employer à procurer aux éléments minéraux de l'écorce terrestre, une mobilité qui leur permette d'obéir à l'action de la pesanteur, en les dirigeant vers une situation d'équilibre plus stable. La chaleur et la gelée désagrègent les roches et les réduisent, soit en poussière que le vent transporte et accumule dans les dépressions du sol, soit en fragments que les rivières entraînent pour les déposer dans les parties basses de leur lit, quand elles ne les conduisent pas jusqu'au grand réservoir de l'océan ; les pierres des hautes cîmes, fendues sous l'action du froid, descendent avec les avalanches de neige à la surface des glaciers, qui deviennent pour elles un double instrument, soit de charriage vers les basses régions, soit de trituration préparant ainsi leur transport par les torrents; la mer lance ses vagues à l'assaut des falaises qui la bordent et en arrache à tout instant des lambeaux, dont les matériaux les plus grossiers retombent près du rivage en formant les dépôts côtiers, tandis que les vases sont entraînées au loin. Partout c'est une marche incessante des matières terrestres vers une meilleure situation d'équilibre, sous la double influence des agents atmosphériques et de la gravité.

Or, à mesure que, par ce mouvement général de descente, les matériaux de l'écorce émergée sont arrivés dans une zone inférieure au niveau général de l'océan, ils sont soustraits à tout déplacement ultérieur. Ainsi le nombre des éléments sur lesquels l'action dynamique des agents physiques est capable de s'exercer, va diminuant sans cesse. Ce serait donc, à une échéance plus ou moins lointaine, mais inévitable, le repos complet de la nature, si quelque autre cause ne survenait pour troubler périodiquement les états d'équilibre une fois établis.

C'est dans ce sens qu'intervient l'activité interne du globe, c'est-à-dire cette provision d'énergie accumulée sous forme de chaleur au-dessous de la croûte solide, et préservée par cette même croûte d'une trop rapide déperdition.

Les réactions qui s'accomplissent dans le bain liquide, la contraction de sa masse, qui, bien que très lente, ne peut manquer de se faire sentir à la longue, se traduisent à l'extérieur par des changements dans l'assiette de l'écorce, dont certaines parties s'affaissent, tandis que d'autres sont soulevées ou refoulées latéralement. De là des ploiements, parfois même des fissures, par où s'épanche au dehors une partie de la nappe liquide. Ainsi, d'une part, la croûte se consolide de plus en plus à l'aide de ces emprunts faits au noyau interne; d'autre part, le relief des continents s'accentue de nouveau, offrant des surfaces fraîches à l'action des puissances extérieures, pendant que les modifications physiques concomitantes introduisent une cause de renouvellement des organismes.

Toute l'histoire du globe est dans le jeu alternatif ou simultané de ces deux catégories d'agents, les uns extérieurs, les autres intérieurs. Or, à toutes les époques, l'essence des forces en action a été la même. De plus, au moins à partir du moment où la terre est devenue une planète obscure, les mêmes corps n'ont pas cessé d'exister à sa surface. Dès lors, entre les phénomènes du passé et ceux qui s'accomplissent encore aujourd'hui sous nos yeux, il peut y avoir de notables différences d'intensité, mais il n'y a pas de différences de nature. Cette identité d'essence entre les agents physiques du passé et ceux du présent, est le principe fondamental sur lequel doit reposer toute la science du globe. Rien n'est plus légitime que l'induction qui nous porte à l'admettre, et nous ajouterons que rien n'est plus salutaire, car c'est l'observation directe et patiente des faits, substituée aux trop faciles rêveries de l'imagination.

Telle est la raison pour laquelle la connaissance des transformations actuelles de l'écorce du globe doit précéder l'étude de la géologie proprement dite, en lui servant pour ainsi dire d'introduction.

La connaissance des changements introduits sans cesse dans l'ordre de choses établi comporte celle des forces extérieures et celle des forces intérieures agissant sur le globe terrestre. Parmi les premières, nous avons d'abord l'atmosphère qui agit à la fois par sa masse, par sa température et par les précipitations dont elle est le siège ; ensuite l'eau, à l'état liquide, sous la forme des océans, des rivières et des eaux d'infiltration, ou à l'état solide sous la forme des glaciers et des glaces flottantes. Enfin, pour couronner l'œuvre, apparaissent les organismes. Leur fonction géologique paraît être, d'une part, de fixer à l'état de combustibles fossiles une partie des substances atmosphériques, de l'autre, de restituer à l'écorce solide, sous la forme de dépôts calcaires ou siliceux, ce que l'action dissolvante des cours d'eau avait soustrait au travail mécanique de la sédimentation. Dans l'étude des forces intérieures, le géologue, tout en s'assurant par l'expérience des excavations souterraines et des sondages, de l'augmentation constante de la température avec la profondeur, voit dans les sources thermales et surtout dans les phénomènes volcaniques, des preuves décisives de l'existence d'un foyer de chaleur intense au-dessous de l'écorce. Il apprend, par conséquent, à connaître les diverses manifestations physiques et chimiques de ce nouveau mode d'énergie, et la part qu'il est juste de lui attribuer dans le remaniement de la surface terrestre.

Cette longue suite d'études, qui constitue le préambule de la véritable géologie, forme le domaine de la *géographie physique*. Celle-ci, se bornant à l'époque actuelle, décrit seulement la terre telle qu'elle existe aujourd'hui. Elle n'a pas les grandes ambitions de la science du globe, qui tente de raconter l'histoire de la planète pendant la succession des âges ; mais c'est elle qui recueille et classe les faits, c'est elle qui découvre les lois de la formation et de la destruction des assises. Elle fraye la route à la géologie et par chacun de ses progrès dans la connaissance des phénomènes actuels, facilite une conquête de l'intelligence humaine sur le passé de notre terre.

Le principal objet de la géologie proprement dite reste donc la recherche des traces laissées dans le passé, par les diverses catégories d'agents que le spectacle du présent nous a appris à connaître. Ces traces nous apparaissent sous la forme des dépôts sédimentaires avec les restes organiques qu'ils renferment et sous celle des roches éruptives, dont la connaissance comprend tout naturellement celle des filons minéraux et métallifères qui leur sont généralement associés.

Reconstituer ces deux séries par la comparaison des données recueillies sur tout le globe; enregistrer les variations des organismes pour en conclure celle des conditions physiques extérieures; enfin, déduire de la composition des masses éruptives, comme aussi de leur allure et de celle des terrains encaissants, le caractère des diverses phases de l'activité interne, telle est la tâche à remplir. Tâche difficile, car le succès dépend du nombre et de la précision des observations, et si ces deux éléments s'accroissent sans cesse par le travail quotidien des géologues, l'inventaire du globe n'en offre pas moins encore de nombreuses lacunes que l'avenir seul pourra combler.

Mais s'il reste actuellement encore plus d'une question de détail à laquelle on ne peut donner qu'une solution provisoire, l'ensemble des deux séries sédimentaire et éruptive commence à être connu avec une remarquable précision. Aussi est-ce déjà une des études les plus attrayantes auxquelles on puisse se livrer, que celle des transformations subies par notre terre depuis sa

condition première, incompatible avec l'existence de
l'organisme le plus rudimentaire, jusqu'à cet état final
où la vie s'épanouit à sa surface, dans toute la splendeur de son infinie variété. Quel spectacle que celui de
ce plan incessamment poursuivi, sans qu'aucun retour
en arrière vienne jamais obscurcir l'idée d'ordre dont
il est comme imprégné! Quel admirable développement de la vie à la surface de notre globe, depuis le
début des périodes vitales, où une mer sans limites
laisse à peine émerger quelques îlots dont la vie organique est lente à prendre possession, jusqu'au jour
où l'homme peut venir faire son apparition et où il lui
est désormais permis d'exploiter toutes les richesses que
la Providence a partout acumulées pour son usage!

Est-il besoin de faire ressortir le puissant intérêt de
l'étude méthodique que la géologie est ainsi appelée à
dérouler sous nos yeux?

Mais l'intelligence n'est pas seule à trouver du profit
dans cette contemplation. N'oublions pas, en effet, que
l'observation directe du terrain est l'unique moyen, non
seulement de faire progresser cette science, mais encore
d'en bien comprendre l'exposé doctrinal. Aussi la géologie est-elle avant tout une science de grand air. Un
des points les plus essentiels pour le géologue est, en
effet, de savoir établir son cabinet de travail en plein
champ. Péripatéticien d'un nouveau genre, il doit pouvoir y faire ses réflexions librement, aussi tranquillement, aussi à son aise, aussi maître de lui-même que
l'est l'astronome dans son observatoire ou le chimiste
dans son laboratoire. Or, le contrat prolongé de l'homme
avec la nature exerce à la fois sur le corps et sur l'âme la
plus salutaire de toutes les influences. Le corps s'y endurcit aux fatigues et apprend à se rendre indépendant
de ces besoins factices auxquels est assujettie la vie des

citadins. De même que les poumons se dilatent plus librement, l'esprit aussi s'élargit, tant par l'action salutaire de la nature que par l'habitude acquise d'étudier les phénomènes.

C'est pour le géologue une source de plaisirs constante, que cette étude des carrières, des tranchées, des montagnes et des vallées, de tous les points, en un mot, qui nous avoisinent, où les pierres affleurent et se montrent dans la position qu'elles occupent naturellement. Muni de son marteau, il les questionne et apprend d'elles cette merveilleuse histoire de la terre, écrite en caractères clairs et lisibles qu'il appartient à la géologie de raconter.

Quand l'hiver est venu interrompre les explorations, le travail manuel nécessité par la préparation des fossiles, des roches ou des minéraux, alterne de la façon la plus heureuse avec les recherches purement intellectuelles. De la sorte, le géologue se repose d'une occupation par une autre, trouvant dans cette variété un remède suffisant contre la fatigue de l'esprit. L'étude des fossiles surtout provoque chez lui de sérieuses réflexions, puisqu'elle l'initie à l'apparition et aux diverses transformations de la vie à la surface de notre terre.

Comme les géologues rapportent de leurs voyages des roches, des fossiles, on appelle quelquefois plaisamment une excursion géologique, une chasse aux pierres, et quelques personnes semblent penser que l'art d'observer, en géologie, n'est guère que l'art de recueillir des échantillons. Cette récolte n'est cependant qu'une petite partie de l'art d'observer tout ce qui peut donner matière à des déductions scientifiques. Les roches et les fossiles que les géologues ramassent dans leurs courses, ne sont là que pour leur rappeler ce qu'ils ont vu et pour les porter à approfondir les faits qu'ils ont observés. C'est la récolte des observations et des notes qui est leur principal devoir et en forme l'objet spécial. Les excursions, les voyages géologiques, sont, si je puis me permettre cette expression, une chasse aux faits, aux observations.

Après avoir été pendant longtemps tout à fait hypothétique, l'étude de la terre est entrée à la fin du siècle dernier dans une voie positive, où elle a pris constamment pour guide l'observation des faits et l'induction. Aujourd'hui, elle paraît aborder une troisième période où elle se rendra compte des phénomènes de tout ordre, par l'expérimentation synthétique, s'éclairant, suivant le mot de Bacon, sous le fer et le feu de l'expérience. Elle aura ainsi subi des phases analogues à celles que la physique et la chimie ont traversées pour parvenir à plusieurs principes qui sont incontestables, parce qu'ils ont été établis et contrôlés par des expériences positives.

En effet, si, grâce au nombre et au zèle de ceux qui la cultivent sur tous les points du globe, les données fournies par des observations directes surabondent, il y a cependant beaucoup de faits dont cette énorme quantité d'observations n'a pu encore dissiper l'obscurité. De la sorte, il semble que, n'ayant plus rien à attendre d'une méthode, ce soit à l'autre, à l'expérimentation, que l'on ait à demander la lumière.

Depuis l'époque de Galilée, la méthode expérimentale dans les sciences a été admirablement féconde pour l'esprit humain et l'a conduit, surtout dans ces dernières années, aux résultats les plus importants et les plus inattendus. C'est elle qui doit aussi pénétrer de plus en plus dans les recherches des géologues, en venant sinon confirmer, du moins préciser les hypothèses. Bien qu'elle ne soit encore qu'à son début, les résultats auxquels elle a déjà conduit font entrevoir quelle sera sa fécondité.

Nos ancêtres seraient certes bien étonnés, s'ils voyaient toutes les transformations que notre terre a subies depuis qu'ils l'ont quittée : les voyages accomplis sans chevaux sur les routes, sans voiles sur les mers, avec la rapidité du vent; nos messages franchissant comme l'éclair les pays, les continents, l'océan lui-même ; la main de l'homme partout remplacée dans l'industrie par ces puissantes machines que la vapeur ou l'électricité mettent en mouvement nuit et jour; nos villes et nos demeures splendidement illuminées sans que l'œil aperçoive rien de ce qui produit et entretient la lumière ; les montagnes percées, les isthmes creusés et les relations des hommes et des peuples affranchies de tout obstacle et de toute barrière.

L'homme se sent aujourd'hui plus que jamais le roi et le maître de la création, et c'est à ces conquêtes sur la nature que notre époque doit un de ses caractères les plus originaux, une de ses gloires les plus incontestées.

Galilée, Képler, Descartes, Newton, Leibnitz, dans les XVIme et XVIIme siècles, Linné, Lavoisier, au XVIIIme siècle, ont eu l'incomparable grandeur de poser tous les principes de la science. Le nôtre, non content de fonder ou plutôt d'établir une science nouvelle, la géologie, et de reconstituer le monde primitif, a fait sortir de ces principes des applications sans nombre ; il a montré par d'éclatants exemples tout ce que peuvent renfermer d'utile à la vie pratique, les spéculations . abstraites et les recherches en apparence oiseuses des savants.

Nous vivons à une époque où toutes les forces, toutes les tendances et les aspirations des peuples sont dirigées vers l'utilité, et surtout vers les moyens d'augmenter les connaissances et le bien-être matériel des masses. Les autorités supérieures de notre canton ont évidemment cédé à ce besoin utilitaire en créant l'Académie, et en lui donnant une organisation de plus en plus large et libérale, tout à fait en rapport avec l'état actuel de l'industrie, du commerce et de l'agriculture.

Parmi les différentes sciences qui y sont enseignées, la géologie est une de celles dont l'utilité est des plus incontestable, et dont l'usage et les applications se présentent tous les jours et presque à tous les instants de la vie. Cette science touche, en effet, par trop de points à la plupart des branches des connaissances humaines, pour que l'on ne puisse méconnaître les services essentiels qu'elle peut rendre à chacune d'elles.

Les deux principaux éléments de la richesse d'un pays sont la terre végétale et les mines. De leur connaissance et de leur emploi dépendent, de nos jours plus que jamais, la puissance et la prospérité nationales. La nature des roches qui composent le sol détermine, en effet, les conditions de sa fertilité ; les minéraux qu'il renferme sont le point de départ et la base des industries les plus essentielles. Ce n'est point trop que de dire que toutes les sources du bien-être matériel d'une contrée sont subordonnées à la connaissance raisonnée de son sol; cette vérité est d'autant plus manifeste que ce sol est d'une structure géologique plus compliquée et susceptible d'exploitations plus diverses.

On cherche aujourd'hui dans les sciences les applications utiles. Or, il n'en est pas de plus naturellement indiquée que celle de la géologie à l'agriculture. L'art qui importe le plus à la prospérité des nations, ne saurait demeurer étranger à cette science. L'étude de la composition et de la structure du sol, celle du régime souterrain des eaux, ne conduisent-elles pas directement à l'appréciation des produits que l'agriculture peut obtenir? Et si elles ne peuvent encore formuler des règles pratiques en sa faveur, elles conduisent cependant, dans beaucoup de cas, à expliquer les faits. D'ailleurs, la géologie seule a qualité pour faire connaître aux agriculteurs les gisements d'amendements minéraux, et elle s'est trop bien acquittée de cette tâche, en ce qui concerne la marne et les phosphates de chaux, pour que, ne fût-ce qu'à ce point de vue, l'utilité de son intervention puisse être désormais méconnue.

On peut dire, sans exagération, que toute explication théorique des résultats agricoles, tout perfectionnement des méthodes de culture et d'amendement des terres, doivent avoir pour base et pour point de départ l'étude géologique du sol et du sous-sol. Or, ces indications utiles peuvent se résumer sur des cartes, dites *cartes agronomiques*. Celles-ci doivent dire au cultivateur : votre terrain est trop glaiseux, trop compact; vous pouvez l'amender au moyen d'une marne que vous trouverez dans telle ou telle partie du territoire rapproché de votre champ. Pareillement pour les terrains trop sableux. Les mêmes cartes doivent faire connaître non seulement la nature de la terre végétale, mais aussi celle de la roche qui constitue le sous-sol, et qui influe considérablement sur les propriétés de la couche superficielle, par son plus ou moins de perméabilité et par sa composition même qui permet souvent de l'employer sur place à l'amélioration du sol cultivable, au moyen de travaux simples et peu coûteux. Elles doivent encore indiquer les gisements des engrais minéraux, tels que marnes de diverse nature, pierre à plâtre, phosphate de chaux.

Cette brève énumération démontre que les cartes agronomiques ne peuvent être que locales et sur une grande échelle; car ce sont en réalité des cartes géologiques avec tous les détails que peut fournir l'examen le plus minutieux d'une contrée. Mais ce travail, une fois fait, met en évidence tous les services que peut rendre à l'agriculture l'extension des études géologiques. Appuyée sur cette base, l'étude chimique et hydrographique du sol peut se faire avec méthode; les agronomes, intermédiaires entre les géologues et les cultivateurs, peuvent en déduire des règles pratiques sous une forme assez nette pour être comprise par ces derniers.

Après l'agriculture, il n'existe aucun art qui soit plus en rapport avec la géologie que les mines. Il est vrai que l'exploitation du sol est de beaucoup antérieure à la constitution de la science de la terre; mais, empirique pendant longtemps, elle n'a acquis sa portée générale actuelle que le jour où on est parvenu à formuler dans un langage scientifique, les notions acquises par l'expérience seule des mineurs, en rattachant par une relation de cause à effet, des phénomènes que les hommes du métier s'étaient contentés d'enregistrer, sans en pousser plus loin l'analyse.

Pour décider de l'opportunité d'une recherche, pour la bien conduire une fois qu'elle est engagée, pour savoir l'abandonner à temps, si elle doit demeurer infructueuse, c'est à la géologie qu'il faut faire appel; car elle est seule en possession de règles qui, résumant l'expérience acquise dans tous les cas analogues, permettent d'appliquer à chaque espèce un diagnostic raisonné. Et quand même, pour pouvoir formuler une opinion, l'homme de science devrait demander à s'éclairer par quelques travaux préparatoires, les frais de semblables recherches, toujours poursuivies sous l'empire d'une idée directrice, seront bien peu de chose auprès des énormes dépenses qu'entraînerait un puits ou une galerie entrepris au hasard sur un emplacement mal choisi.

Cet intérêt est encore mieux marqué, quand il s'agit d'aller chercher dans les profondeurs des substances utiles, qui, comme la houille, le sel, le gypse, sont habituellement cantonnées dans des terrains déterminés. Qui donc, sinon le géologue, fera connaître au sondeur les terrains sur lesquels tout travail serait infructueux, parce qu'ils appartiennent à des systèmes autres que ceux qui encaissent les substances désirées?

Et si la géologie ne conduit pas toujours à la découverte des gîtes, elle préserve du moins de toute fausse direction et apprend à donner aux indices, aux apparences extérieures, leur valeur réelle.

Mais c'est surtout aux travaux publics que la géologie est appelée à rendre des services. Sans doute, il ne serait que juste de reconnaître que, pendant longtemps, c'est l'inverse qui a eu lieu et que la science a dû une partie de ses principales conquêtes à ces tranchées, qui, sur tant de points, ont mis à découvert un sol jusqu'alors masqué par la végétation ou par les dépôts superficiels. Toutefois, l'expérience ainsi conquise n'a pas tardé à rejaillir avec profit sur l'art qui l'avait si puissamment aidée à se développer. Après tant de déboires causés aux ingénieurs, faute de données exactes sur la nature des terrains à rencontrer dans les divers genres de travaux, on a généralement reconnu la convenance de faire appel aux géologues dans l'étude des tracés de chemins de fer et de routes. Une telle pratique devrait être partout suivie, et bien des frais de construction ou d'entretien seraient épargnés, si, à côté des considérations purement topographiques, on se préoccupait toujours à un degré suffisant de la nature des terrains traversés.

Est-il nécessaire de relever l'importance des études géologiques relativement à la construction des tunnels, où tant de difficultés paraissant dès l'abord insurmontables ont été considérablement aplanies par la connaissance préalable des couches que l'on devait rencontrer? Pour que des études pareilles présentent une certaine garantie, il ne suffit pas de quelques coupes approximatives faites de loin en loin. Ce qu'il faut, ce sont des relevés exacts et détaillés des différentes roches qui se trouvent sur un parcours donné, faits sur les lieux mêmes et vérifiés sur autant de points que possible. Et si le pronostic de la science a été sans cesse favorable aux travaux qu'il s'agissait d'entreprendre, il n'y a pas lieu de s'en étonner; car c'est là une preuve de plus pour démontrer l'importance de l'application de la géologie dans le domaine des travaux publics.

L'étude du régime des eaux, si essentielle à divers points de vue, est intimement liée à celle de la composition du sous-sol. La connaissance de cette constitution précédera donc avec avantage toute tentative faite pour la recherche des eaux de source, et sera seule apte à procurer des notions souvent très précises, sur les chances de réussite de ces projets et sur la profondeur à laquelle il est nécessaire de pousser les sondages pour rencontrer les nappes souterraines. La recherche des sources soulève, en effet, à chaque pas des questions

compliquées, des difficultés qui déroutent tous les pro-
cédés de la pratique commune, et qui ne peuvent être
résolues que par une étude attentive de la disposition
des couches de terrain et des accidents qui les affectent.

Je n'ai voulu rappeler ici que les principales applications de la géologie. Mais combien d'autres mérite-
raient encore une mention.

Si on s'élève jusqu'à la région des Beaux-Arts, nous
voyons que c'est le géologue qui montre au statuaire
les carrières où sont ces beaux blocs de marbre blanc,
destinés à se transformer sous son ciseau en Apollon du
Belvédère ou en Vénus de Médicis. C'est lui qui présente à l'architecte ces belles plaques de porphyre, de
granite ou de marbres, qui lui servent à orner et dé-
corer les frontons d'une Acropole, d'un Panthéon ou
d'un Grand Opéra.

Le curieux rapprochement entre la constitution géologique d'un pays et la nature de son paysage mérite-
rait d'être étudié à part, et l'ensemble des considérations qui se rapportent à ce point de vue serait très
propre à servir de base à une application de la géologie, qui serait au paysage ce qu'est l'anatomie à la re-
présentation de l'homme, et qu'on pourrait désigner par
le nom de « géologie pittoresque. »

L'attrait d'un beau paysage est-il diminué parce que
la connaissance des forces secrètes qui lui ont donné
naissance est devenue familière aux géologues? A
coup sûr, l'homme qui doit être le plus sensible au
charme de la nature est celui qui, tout en jouissant du
plaisir de contempler le monde qui l'entoure, se sent
irrésistiblement conduit à rattacher le modelé de la surface de la terre aux grands changements survenus dans
la constitution intérieure et extérieure de notre planète.
Dans les révolutions qui se sont succédé à la surface

du globe, il voit non des accidents sans raison d'être, mais les diverses parties d'un vaste plan, parfaitement adapté à la nature intellectuelle et morale de son être.

Il est aussi un point de vue auquel la description géologique d'un pays présente un immense intérêt à tout homme instruit qui cherche dans un livre de science des sujets de réflexion et des lois d'une application journalière : je veux parler des rapports intimes qui existent entre la constitution géologique du sol et sa configuration extérieure, son relief topographique. Par l'étude géologique d'un pays, on peut, en effet, se rendre compte de sa surface plane ou accidentée, des formes caractéristiques de ses vallées, de ses collines, de ses montagnes. Ces accidents si variés des montagnes, où le vulgaire ne voit que le désordre et des formes capricieuses plus ou moins pittoresques, apparaissent alors comme les détails d'un magnifique ensemble, où chaque chose est à sa place et a sa raison d'être. Dans la configuration du sol pas plus que dans les phénomènes physiques ou astronomiques, rien n'est l'effet du hasard; tous les détails se tiennent et s'expliquent d'après quelques principes très simples, dès que l'on connaît la structure géologique d'un pays.

Il n'y a pas jusqu'à l'histoire des pays, jusqu'aux populations elles-mêmes, sur lesquels se reflète l'influence du milieu géologique. Elie de Beaumont, qui a fixé la géologie française, a fait ressortir l'un des premiers et sans aucun esprit préconçu, le rôle que joue le sol sur le caractère de ses habitants.

Il regarde le plateau volcanique de l'Auvergne et le bassin parisien comme les deux pôles du pays, l'un, pôle positif, centre des lumières, où fleurissent les arts, les lettres et le luxe avec eux ; l'autre, pôle négatif, domaine de l'ignorance et de la pauvreté, mais d'où

partent chaque année de robustes essaims qui viennent,
comme pour retremper la population parisienne et lui
donner l'exemple du travail énergique, de la patience
et de la sobriété. Ces deux pôles du sol de France, s'ils
ne sont pas situés aux deux extrémités d'un même dia-
mètre, exercent, en revanche, autour d'eux des influences exactement contraires : l'un est en creux et
attractif; l'autre en relief, est répulsif; l'un est devenu
la capitale de la France et du monde civilisé, l'autre
est resté un pays pauvre et relativement désert. Comme
Athènes et Sparte, l'un réunit autour de lui les richesses de la nature, de l'industrie et de la pensée ; l'autre,
fier et sauvage, est resté le centre des vertus simples et
antiques.

La Bretagne, cette terre de granite, de quarz et d'ar-
doise, comme l'appelle Michelet, résiste avec une énergie opiniâtre à son annexion à la couronne, et une fois
soumise, elle garde inviolable la fidélité qu'elle a jurée
à ses nouveaux rois. Dans les Iles Britanniques, les
Cornouaillais, les Gallois, les Irlandais, les Ecossais,
tous de race indigène, opposent à l'envahissement
anglo-saxon une résistance qui, pour quelques-uns,
dure encore. En Espagne, le Galicien, l'Asturien, le
Basque, l'Aragonais, doivent à la rudesse de leurs
montagnes quelques-uns de leurs traits distinctifs.
C'est des Asturies que sort Pélage; c'est de là que
part le premier effort de résistance contre le Maure
envahisseur. La Corse, la Sardaigne, que les Romains
ne soumirent jamais qu'incomplètement et dont les habitants des montagnes sont encore rebelles à toute
discipline, nous présentent des faits analogues.

Curieuse relation que celle qui unit l'homme à la
pierre, l'aspect et le caractère d'un pays aux traits principaux de son histoire et aux mœurs des populations !

En résumé, il n'est guère de domaine où la géologie n'ait son entrée, et s'il est excessif d'en conclure que la connaissance de cette science s'impose indistinctement à tout le monde, du moins n'est-ce pas trop exiger de ceux qui, dans une mesure quelconque, ont affaire au globe terrestre, que d'attendre d'eux de fréquents appels aux spécialistes à qui la structure de ce globe est familière.

C'est dans le sein de la terre que l'homme est contraint d'aller chercher, à la sueur de son front, tout ce qui importe au développement de la civilisation matérielle, et si le soleil fournit, par ses radiations, l'impulsion nécessaire aux réactions de la vie organique, c'est encore de la terre que dérivent toutes les substances sur lesquelles cette énergie est appelée à se dépenser.

La science qui s'applique à définir l'ordre suivant lequel les matériaux du globe ont été disposés, est donc associée plus intimement qu'une autre à ce qui fait le fond même de notre existence mortelle; on peut dire d'elle, qu'à toute heure elle intervient utilement pour faciliter à l'homme l'accomplissement de sa tâche quotidienne.

De là découlent à la fois l'ampleur du rôle qu'elle joue dans l'ensemble de nos connaissances, et le caractère particulier des jouissances qu'elle procure, lorsqu'elle nous conduit, par degrés successifs, jusqu'à ces sommets d'où le regard découvre les grandes lignes du plan de la Création.

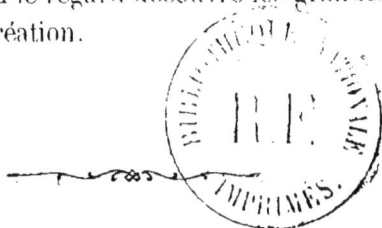